T/CAGHP 060—2019

目　次

前言 .... Ⅲ
引言 .... Ⅳ
1 适用范围 1
2 规范性引用文件 1
3 术语和符号 1
　3.1 术语 1
　3.2 符号 2
4 总则 3
5 设计原则 3
6 滚（落）石运动与动力学参数 4
　6.1 基本假定 4
　6.2 运动方式及运动特性参数 4
　6.3 动力学参数 5
7 拦石墙稳定计算 6
　7.1 一般规定 6
　7.2 承载能力 6
　7.3 稳定性验算 7
8 圬工拦石墙 8
　8.1 一般规定 8
　8.2 计算要求 9
　8.3 构造要求 9
9 桩式拦石墙 9
　9.1 一般规定 9
　9.2 设计计算 10
　9.3 构造要求 10
10 加筋土拦石墙 11
　10.1 一般规定 11
　10.2 计算要求 11
　10.3 构造要求 11
11 格宾石笼拦石墙 12
　11.1 一般规定 12
　11.2 计算要求 12
　11.3 构造要求 12
12 缓冲防护层 13

12.1 一般规定 ………………………………………………………………………………………… 13
12.2 结构构造 ………………………………………………………………………………………… 13
13 拦石槽 ……………………………………………………………………………………………… 13
　13.1 一般规定 ………………………………………………………………………………………… 13
　13.2 结构设计 ………………………………………………………………………………………… 13
14 工程监测 …………………………………………………………………………………………… 14
　14.1 一般规定 ………………………………………………………………………………………… 14
　14.2 监测设计 ………………………………………………………………………………………… 14
　14.3 数据处理 ………………………………………………………………………………………… 15
15 设计成果 …………………………………………………………………………………………… 15
　15.1 设计成果内容 …………………………………………………………………………………… 15
　15.2 图件要求 ………………………………………………………………………………………… 15
　15.3 计算书 …………………………………………………………………………………………… 15
　15.4 概(预)算书 ……………………………………………………………………………………… 15
附录 A（规范性附录） 滚(落)石不同运动方式的运动特性参数计算 ……………………………… 16
附录 B（规范性附录） 滚(落)石的冲击力计算公式 ………………………………………………… 21
附录 C（规范性附录） 拦石墙缓冲厚度计算 ………………………………………………………… 23
附录 D（规范性附录） 拦石墙墙后库伦主动土压力 ………………………………………………… 25
附录 E（规范性附录） 加筋土拦石墙抗冲击能及拦截高度验算 …………………………………… 26

前言

本规范按照 GB/T 1.1—2009《标准化工作导则　第1部分：标准的结构和编写》给出的规则起草。

本规范由中国地质灾害防治工程行业协会提出并归口。

本规范起草单位：四川省美地佳源实业有限公司、成都理工大学、四川省华地建设工程有限责任公司、山东大学、四川省煤田地质一三七总公司、四川省煤田地质工程勘察设计研究院。

本规范主要起草人：刁建钟、王刚、袁进科、何青云、陈世龙、李利平、裴钻、赵松江、王泽均、余鹏程、戴敬儒、李胜伟、石少帅、刘德兵、陈照雄、曹楠、周凯、赵建壮、柯军。

本规范由中国地质灾害防治工程行业协会负责解释。

引 言

为了科学合理地制定各类拦石墙工程设计方案,促进拦石墙设计标准的统一,规范拦石墙设计文件的编制,提升拦石墙设计成果的质量,制定本规范。

地质灾害拦石墙工程设计规范(试行)

1 适用范围

本规范规定了各类危岩、陡崖落石、滚石地段拦石墙设计内容、标准和要求。

本规范适用于拦石墙的设计、检验和监测等工作。拦石墙的设计尚应结合当地条件和工程经验应用本规范。

2 规范性引用文件

本规范引用了下列文件。凡是注明日期的引用文件,仅所注日期的版本适用于本规范。凡是未注明日期的引用文件,其最新版本(包括所有的修改单)适用于本规范。

GB 50153—2008　建筑结构可靠度设计统一标准
GB 50007—2011　建筑地基基础设计规范
GB 50010—2010　混凝土结构设计规范
GB 50003—2011　砌体结构设计规范
GB 50011—2010　建筑抗震设计规范
JGJ 94—2008　建筑桩基技术规范
GB 50330—2013　建筑边坡工程技术规范
GB/T 50290—2014　土工合成材料应用技术规范
T/CAGHP 011—2018　崩塌防治工程勘查规范

3 术语和符号

3.1 术语

下列术语和定义适用于本文件。

3.1.1

拦石墙 rockfall retaining wall

用以阻挡危岩体、坡面滚石,防止对其下建(构)筑物及人员造成伤害的被动拦挡结构。

3.1.2

落石冲击工况 condition of rockfall impact

落石直接作用于墙体或其缓冲层时的荷载情况。

3.1.3

落石堆满工况 condition of rockfall filled

落石堆满墙后拦石槽时,落石自重施加于墙体结构的荷载情况。

3.1.4
圬工拦石墙 masonry retaining wall

以混凝土、石材等构筑的阻挡危岩体和坡面滚石的被动拦挡结构。

3.1.5
桩式拦石墙 sheet pile retaining wall

在桩间设拦石板、拦石墙、拦石网等结构阻挡危岩体和坡面滚石的被动拦挡结构。

3.1.6
加筋土拦石墙 reinforced soil retaining wall

利用加筋土结构修筑的用于拦截危岩落石和坡面滚石、承受落（滚）石冲击的被动拦挡结构。

3.1.7
格宾石笼拦石墙 the stone cage gabion retaining wall

由网箱和填充石料共同组成的阻挡危岩体和坡面滚石的被动拦挡结构。

3.1.8
缓冲防护层 buffer layer

为增强结构体系的抗冲击能力，设置于墙后，直接承受落（滚）石冲击作用，并向拦石墙墙体传递和扩散荷载的缓冲结构。

3.1.9
拦石槽 stone falling channel

以吸收、消散坠石能量为目的的沟槽。

3.2 符号

3.2.1 作用和作用效应

F ——落石冲击力；

p ——落石冲击荷载；

P ——地基承载力；

M ——作用于拦石墙基底的力矩；

W ——拦石墙基底面的抵抗矩；

G ——拦石墙的总重；

H ——作用于拦石墙上的水平荷载；

N ——作用于拦石墙底的总垂直力；

E_a ——主动土压力；

K_a ——主动土压力系数。

3.2.2 几何参数和计算系数

v ——落石运动速度；

A ——拦石墙基底面积；

H ——拦石墙高度；

h ——落石弹跳高度；

L ——落石运动距离；

β ——墙背填土表面的倾角；

φ——填土内摩擦角；

δ——墙背与土体之间的摩擦角；

μ——拦石墙基底面与地基岩土体之间的摩擦系数；

K_c——抗滑移稳定安全系数；

K_0——抗倾覆稳定安全系数。

4 总则

4.1 拦石墙工程设计应依据勘查成果和综合现场地质环境条件，充分进行方案的研究和方案比选。

4.2 拦石墙勘查成果应包括滚（落）石路径、运动方式、动力力学参数、地基承载力、基底摩擦系数等设计参数。

4.3 拦石墙工程设计应符合下列要求：

4.3.1 拦石墙应满足各种设计荷载组合墙体结构的强度和稳定性要求。

4.3.2 确定结构类型和工程位置时应确保技术可行、安全可靠、经济合理、便于施工养护。结构材料应符合耐久性要求。

4.3.3 工程设计应以勘查成果报告为依据，结合地形地貌、地质条件、滚（落）石运动特征、保护对象进行设计。

4.3.4 设计过程应贯彻动态设计信息化施工要求。

4.4 拦石墙设计除应符合本规范外，尚应符合国家现行有关强制性标准的规定。

5 设计原则

5.1 拦石墙防治工程级别划分

根据受灾对象、受灾程度、施工难度和工程投资等因素，按表1对拦石墙防治工程等级进行综合划分。

表1 拦石墙防治工程分级表

级别		Ⅰ	Ⅱ	Ⅲ
危害对象		县级和县级以上城市	主要集镇或大型工矿企业、重要桥梁、国道专项设施	一般集镇，县级或中型工矿企业，省道及一般专项设施
受灾程度	危害人数/人	>1 000	1 000～500	<500
	直接经济损失/万元	>1 000	1 000～500	<500
	潜在经济损失/万元	>10 000	10 000～5 000	<5 000
施工难度		复杂	一般	简单
工程投资/万元		>1 000	1 000～500	<500

5.2 按结构形式分为圬工拦石墙、桩式拦石墙、加筋土拦石墙、格宾石笼拦石墙。

5.3 结构体系一般由拦石墙、缓冲层、落石槽等结构组成，特殊情况下宜增加排水。

5.4 当地形坡度超过30°或在平面空间狭窄地段，宜采用桩板式拦石墙；当地形坡度小于30°，且有宽缓平台的危岩落石地段,宜采用其他类型拦石墙。

5.5 拦石墙可根据地形条件、落石规模、保护对象等设置1级或多级,亦可在斜坡部位设置相应的缓冲平台。

5.6 拦石墙设置部位应有适宜的库容,能容纳1～3次落石,若落石量超过设计库容,应进行清库设计。

5.7 拦石墙拦截高度由危岩体落石弹跳高度确定,亦可增设拦石网加大结构拦截高度。

5.8 拦石墙外观宜辅以生态措施与周边环境协调。

5.9 拦石墙设计使用年限应不低于被保护的建(构)筑物设计使用年限。

5.10 拦石墙计算工况包括

5.10.1 工况1:落石冲击工况(冲击力)。

5.10.2 工况2:落石堆满工况(土压力)。

5.10.3 工况3:落石堆满后地震工况(土压力+地震力),抗震设防烈度大于Ⅵ度时考虑。

5.11 拦石墙抗倾覆、抗滑移稳定安全系数按表2取值。

表2 拦石墙设计安全系数

安全系数类型	Ⅰ级防治工程			Ⅱ级防治工程			Ⅲ级防治工程		
	工况1	工况2	工况3	工况1	工况2	工况3	工况1	工况2	工况3
抗倾覆	2.0	1.9	1.8	1.8	1.7	1.6	1.6	1.5	1.4
抗滑移	1.8	1.7	1.6	1.6	1.5	1.4	1.4	1.3	1.2

6 滚(落)石运动与动力学参数

6.1 基本假定

6.1.1 滚(落)石运动及动力学参数计算为单块滚(落)石计算模式。

6.1.2 滚(落)石视为刚体。

6.1.3 滚(落)石在二维平面内运动。

6.2 运动方式及运动特性参数

6.2.1 滚(落)石运动方式分为以下3种。
  a) 弹跳运动:块体运动到坡面后发生碰撞引起的跳跃式运动;
  b) 滑移运动:当块体切向重力分量大于坡面摩擦力时,在坡面将发生滑移运动;
  c) 滚动运动:块体在坡面运动为滚动时,其斜面法向分速度为0。

6.2.2 滚(落)石运动特性参数包括运动速度、弹跳高度和运动距离。

6.2.3 滚(落)石的不同运动方式可按附录A的分析方法确定。

6.2.4 滚(落)石运动计算方法采用恢复系数法,见下式:

$$e_n = v_{an}/v_{bn} \quad \cdots\cdots\cdots\cdots (1)$$

$$e_t = v_{at}/v_{bt} \quad \cdots\cdots\cdots\cdots (2)$$

式中：

e_n——法向恢复系数；

e_t——切向恢复系数；

v_{bn}——入射速度法向分量(m/s)；

v_{an}——反弹速度法向分量(m/s)；

v_{bt}——入射速度切向分量(m/s)；

v_{at}——反弹速度切向分量(m/s)。

6.2.5 滚(落)石运动速度、弹跳高度、弹跳距离的计算可按附录A的计算公式确定，并且可参照勘查报告中已有的滚(落)石运动路径调查进行复核。

6.2.6 滚(落)石不同运动方式的运动特性参数可按以恢复系数法和经验数据类比法为基础的综合分析方法确定。

6.3 动力学参数

6.3.1 滚(落)石的动力学参数包括冲击力和运动动能。

6.3.2 冲击力按可能出现的单个大块滚(落)石的质量进行计算，单个滚(落)石的质量应根据现场调查确定。

6.3.3 滚(落)石的冲击力采用弹性碰撞理论计算时，可参考下式：

$$F = \frac{4}{3}\sqrt{R}E\delta^{\frac{2}{3}} \qquad (3)$$

式中：

F——滚(落)石冲击力(N)；

R——滚(落)石半径(m)；

E——缓冲层弹性模量(Pa)；

δ——缓冲层变形量(m)。

6.3.4 滚(落)石的冲击力采用冲量定理计算时，见下式：

$$mv = Ft \qquad (4)$$

式中：

m——滚(落)石质量(kg)；

v——滚(落)石运动速度(m/s)；

t——滚(落)石碰撞接触时间(s)。

6.3.5 滚(落)石碰撞接触时间的计算，见下式：

$$t = \frac{2h}{c} \qquad (5)$$

$$c = \sqrt{\frac{(1-\mu)E}{(1+\mu)(1-2\mu)\rho}} \qquad (6)$$

式中：

h——缓冲层厚度(m)；

c——压缩波在缓冲层内的往复速度(m/s)；

ρ——缓冲层密度(kg/m³)；

E——缓冲层弹性模量(Pa)；

μ——缓冲层泊松比。

6.3.6 滚(落)石的冲击力计算采用经验数据方法时,可参考下式:

$$F = \frac{[0.2501\ln(v\sin\theta) + 0.7208]Q(v\sin\theta)(1+\eta)}{2gh} \frac{\sqrt{(1-\mu)E}}{\sqrt{\rho(1+\mu)(1-2\mu)}} \quad \cdots\cdots (7)$$

式中:

v ——滚(落)石运动速度(m/s);

θ ——滚(落)石入射角度(°);

Q ——滚(落)石重量(kN);

η ——恢复系数,根据附录 A 中表 A.1 的法向恢复系数取值;

其余符号参照 6.3.5。

6.3.7 滚(落)石的冲击力可按弹性碰撞理论、冲量定理和经验数据类比法计算,选用最大值,具体计算公式参照附录 B。

6.3.8 滚(落)石动能按动能公式进行计算,见下式:

$$E = \frac{1}{2}mv^2 \quad \cdots\cdots\cdots\cdots\cdots\cdots\cdots\cdots (8)$$

式中:

E ——滚(落)石动能(J)。

7 拦石墙稳定计算

7.1 一般规定

7.1.1 作用在拦石墙上的主要荷载包括滚石冲击力、地震作用以及拦石墙墙体自重和缓冲层主动土压力。

7.1.2 拦石墙稳定计算包括承载能力计算和稳定性验算两部分。

7.2 承载能力

7.2.1 抗剪承载能力

$$p \leqslant \tau \cdot d \cdot t \quad \cdots\cdots\cdots\cdots\cdots\cdots\cdots\cdots (9)$$

式中:

p ——滚石冲击荷载,详见附录 C。

τ ——拦石墙抗剪强度,按表 4 和表 5 选用。

d ——冲击荷载扩散到拦石墙上的直径(mm),详见附录 C。

t ——拦石墙厚度(mm)。

7.2.2 抗冲切参照《混凝土结构设计规范》(GB 50010—2010)的第 6.5.1 条计算。

7.2.3 地基承载能力验算

a) 地基承载力按下式计算:

$$P_{\min}^{\max} = \frac{\sum N}{A} \pm \frac{\sum M}{W} \quad \cdots\cdots\cdots\cdots (10)$$

式中:

$P_{\min}^{\max}$ ——拦石墙基底应力的最大值或最小值(kPa);

$\sum N$ ——作用在拦石墙上的竖向荷载(kN);

$\sum M$ ——作用于拦石墙基底的力矩之和(kN·m);

A ——拦石墙基底面的面积(m^2);

W ——拦石墙基底面的抵抗矩(m^3)。

b) 在各种计算工况下,拦石墙平均基底压应力应不大于地基承载力特征值,最大基底压应力不大于地基承载力特征值的1.2倍。

c) 拦石墙基底不应出现拉应力,偏心距不应大于基底宽度的1/6。

7.2.4 拦石墙在地震作用下的水平荷载,按式11、式12计算,其作用点应位于拦石墙重心处:

岩基

$$E_h = 0.30 A_h G/g \quad \cdots\cdots\cdots\cdots\cdots\cdots\cdots\cdots (11)$$

土基

$$E_h = 0.35 A_h G/g \quad \cdots\cdots\cdots\cdots\cdots\cdots\cdots\cdots (12)$$

式中:

E_h ——作用于拦石墙重心处的水平地震作用(kN);

A_h ——水平向设计基本地震动峰值加速度(m/s^2);

G ——拦石墙的总重(kN)。

7.3 稳定性验算

7.3.1 拦石墙抗滑移稳定安全系数按下式验算:

$$K_c = \frac{\mu \sum N}{\sum H} \quad \cdots\cdots\cdots\cdots\cdots\cdots\cdots\cdots (13)$$

式中:

K_c ——拦石墙沿基底面的抗滑移稳定安全系数;

$\sum N$ ——作用在拦石墙上的竖向荷载(kN);

μ ——拦石墙基底面与地基岩土体之间的摩擦系数,按表3选用;

$\sum H$ ——作用在拦石墙上的水平荷载(kN)。

表3 岩土对拦石墙基底面摩擦系数 μ

岩土类别		摩擦系数 μ
黏性土	可塑	0.25～0.30
	硬塑	0.30～0.35
	坚硬	0.35～0.45
粉土		0.30～0.40
中砂、粗砂		0.40～0.50
碎石土		0.40～0.60
软质岩		0.40～0.60
表面粗糙的硬质岩		0.65～0.75

7.3.2 拦石墙抗倾覆稳定安全系数按下式验算：

$$K_0 = \frac{\sum M_V}{\sum M_H} \quad \quad \quad (14)$$

式中：

K_0——抗倾覆稳定安全系数；

$\sum M_V$——对拦石墙基底前趾的抗倾覆力矩(kN·m)；

$\sum M_H$——对拦石墙基底前趾的倾覆力矩(kN·m)。

8 圬工拦石墙

8.1 一般规定

8.1.1 在陡崖、陡坡下具备一定宽度的缓坡（坡度小于30°）或缓坡平台的地形条件下的危岩体防护，可采用圬工拦石墙。

8.1.2 圬工拦石墙最大拦截高度不宜大于5 m。

8.1.3 圬工拦石墙墙身材料可采用石砌体、片石混凝土或混凝土。砌筑用砂浆强度等级不应低于M10；混凝土强度等级不应低于C20。

8.1.4 圬工拦石墙可按容许应力法计算。石砌体的容许应力应按表4采用，混凝土的容许应力应按表5采用。

表4 石砌体容许应力

水泥砂浆强度等级	压应力 σ/MPa			剪应力 τ/MPa	
	片石砌体	块石砌体	粗料砌体	平缝	错缝
M10	1.3	2.0	3.4	0.16	0.24

注1：表中水泥砂浆强度等级之间的石砌体的容许应力可用内插法确定；
注2：石砌体的容许弯曲拉应力值，可用剪应力值。

表5 混凝土容许应力

应力种类	符号	混凝土强度等级/MPa		
		C30	C25	C20
中心受压应力	$[\sigma_c]$	9.0	7.6	6.1
偏心受压应力	$[\sigma_b]$	11.2	9.5	7.8
弯曲拉应力	$[\sigma_{bl}]$	0.55	0.50	0.43
纯剪应力	$[\tau_c]$	1.1	0.99	0.86
局部压应力	$[\sigma_{c-1}]$	$6.4\sqrt{\frac{A}{A_c}}$	$5.4\sqrt{\frac{A}{A_c}}$	$4.4\sqrt{\frac{A}{A_c}}$

注1：片石混凝土的容许压应力与混凝土同，片石掺用量不应大于总体积的20%；
注2：A为计算底面积，A_c为局部承压面积。

8.1.5 当拦石墙采用石砌体结构时,选用的条石或块石应能抗风化,其极限抗压强度片石和块石不得小于 30 MPa,粗料石不得小于 40 MPa,最小厚度不小于 15 cm,冻融损失率应小于 1%。

8.2 计算要求

8.2.1 拦石墙靠山侧作用荷载按落石冲击工况和落石堆满工况下的较大值进行拦石墙设计。

8.2.2 落石冲击荷载应按附录 C 简化为静力荷载后进行计算;堆满后墙背土压力按附录 D 计算。

8.2.3 落石堆满工况下按墙背库伦主动土压力计算,并假设落石槽后堆积物的顶面是自顶向后与水平面成 20°的仰角。若落石槽的深度超过 4 m,或落石平台宽度大于 6 m,则可将堆积物的顶面设计为水平。

8.2.4 拦石墙设计应进行抗剪、抗冲切和地基承载力及抗倾覆、抗滑移稳定性验算。

8.3 构造要求

8.3.1 拦石墙靠山侧应设置缓冲层和落石槽等缓冲结构。缓冲层、落石槽结构设计见第 12、13 部分。

8.3.2 拦石墙基础最小埋深,对土质地基应大于当地冻土深度并不宜小于 1.0 m,对岩质地基不宜小于 0.5 m。

8.3.3 拦石墙顶宽不宜小于 0.6 m。

8.3.4 拦石墙高度应根据落石最大弹跳高度加 0.5 m 的安全超高与落石最大边长的 2/3 的较大值确定。

8.3.5 位于斜坡地面的拦石墙,其墙趾最小埋入深度和距斜坡面的最小水平距离应符合表 6 的规定。

表 6 斜坡地面墙趾最小埋入深度和距斜坡地面的最小水平距离

地基情况	最小埋入深度/m	距斜坡地面的最小水平距离/m
岩质	0.5	1.0～2.5
土质	大于当地冻土深度,1.0	2.5

8.3.6 拦石墙伸缩缝间距宜为 10 m～15 m,缝宽 20 mm～30 mm,缝间铺贴聚苯板等柔性隔断材料。

9 桩式拦石墙

9.1 一般规定

9.1.1 桩式拦石墙包括桩板式拦石墙、桩墙式拦石墙、桩网式拦石墙。

9.1.2 地形坡度较陡、场地相对狭窄、地基条件较差的危岩落石区,宜选用桩式拦石墙,最大拦截高度不宜大于 8 m。

9.1.3 地形较陡且落石规模较大的危岩落石区,宜选用桩板式或桩墙式拦石墙;当落石规模及落石能量较小时,宜选用桩网式拦石墙。

9.1.4 桩板式和桩墙式拦石墙主要通过桩板(墙)系统将落石冲击力扩散至桩和板上,除受力构件与圬工拦石墙存在差异外,其拦石原理、受力分析等与圬工拦石墙基本一致。

9.1.5 桩网式拦石墙主要通过桩间被动防护网将落石的冲击能量传至桩上,其拦石原理、受力分析可参照《危岩落石柔性防护网工程技术规范》。

9.2 设计计算

9.2.1 桩板式或桩墙式拦石墙的作用荷载按附录B简化后的静力荷载或附录D主动土压力。

9.2.2 桩间挡板和墙体采用简支板计算。

9.2.3 嵌固段以下部分桩身内力计算,宜根据嵌入段地面处弯矩和剪力,采用地基系数法计算。根据岩土条件选用"k法"或"m法"。其内力计算应按《建筑边坡工程技术规范》(GB 50330—2013)的条款执行。

9.2.4 支承桩桩底可采用自由端或铰支端。

9.2.5 抗滑桩锚固深度应根据地基的横向容许承载力确定,应按《建筑边坡工程技术规范》(GB 50330—2013)的条款执行。

9.2.6 桩板体系结构计算

    a) 桩板或桩墙体系受力包括落石冲击力和板后土压力,按悬臂桩进行桩身、挡土板或墙体内力及配筋计算;

    b) 桩网式拦石墙受力主要为落石冲击力和拦石网拉力,其作用于桩上的荷载按落石冲击力的1/2计算,按悬臂桩进行桩身及配筋计算,桩间拦石网应满足锚固要求。

9.2.7 桩板式拦石墙应验算桩顶的水平位移,并控制嵌固段顶端地面处的水平位移不宜大于10 mm。

9.3 构造要求

9.3.1 桩身和挡土板混凝土的强度等级应不低于C25。

9.3.2 桩最小截面宜不小于1.0 m×1.0 m或桩径不小于800 mm,挡土板厚度不宜小于300 mm,挡土板应嵌入土层不小于500 mm。

9.3.3 桩身最小配筋率不小于0.65%,挡土板最小配筋率不小于0.15%。

9.3.4 桩身纵向钢筋直径不应小于16 mm,钢筋净距不宜小于120 mm,当配筋量较大或钢筋间距较小时,可采用束筋或双排钢筋,每束钢筋不宜多于3根,前后排钢筋间距不小于150 mm。

9.3.5 箍筋宜采用封闭式,肢数不宜多于4肢,其直径不宜小于8 mm,箍筋间距不应大于300 mm;当剪力较大时,可采取调整箍筋直径和间距等措施,以满足斜截面抗剪强度要求。

9.3.6 桩身受力钢筋混凝土保护层不应小于50 mm,挡土板钢筋混凝土保护层不应小于35 mm。

9.3.7 桩锚固段深度在岩质地基中不宜小于桩总长度的1/4,土质地基中不宜小于1/3。

9.3.8 桩间墙体可采用M10浆砌石砌体或C20混凝土浇注墙体,墙体与桩搭接长度不应小于200 mm。

9.3.9 桩间被动防护网应根据落石冲击力能级选用,最小不宜小于1 500 kJ。

9.3.10 拦石网与桩的锚固点纵向间距不宜大于1 000 mm。

9.3.11 桩板式拦石墙与桩墙式拦石墙,每间隔15 m~20 m设置纵向伸缩缝,伸缩缝宜设置于两桩之间;桩网式拦石墙不设伸缩缝。

10 加筋土拦石墙

10.1 一般规定

10.1.1 加筋土拦石墙适用于石料缺乏或运输条件差的崩塌落石拦截,尤其适用于大能量级(≥2 000 kJ)或连续多发落石冲击的地区。

10.1.2 筋带材料应符合下列要求:
   a) 抗拉强度大、拉伸变形小和蠕变小,不易产生脆性破坏;
   b) 拉筋与填料之间应具有足够的摩擦力;
   c) 应具有较好的柔性、韧性;
   d) 有良好的耐腐蚀性和耐久性。

10.1.3 加筋土拦石墙可不设面板。

10.1.4 加筋体的填料应易于压实,能与筋材产生良好的摩擦或咬合作用;应具有良好的水稳性,宜采用渗水性良好的砂类土、砾石类土、碎石类土,不宜采用块石类和黏性类土;不应对筋材产生腐蚀性。

10.1.5 填料的抗剪强度指标 c、φ 值,应选用具有代表性的土样进行室内试验确定。

10.2 计算要求

10.2.1 加筋土拦石墙设计应进行抗冲击稳定计算、外部稳定计算和内部稳定计算。
   a) 抗冲击稳定计算包括:抗冲击能量验算、拦截高度验算;
   b) 外部稳定计算包括:拦石墙地基承载力验算、边坡整体稳定性验算;
   c) 内部稳定计算包括:筋带抗拉强度验算、抗拔验算。

10.2.2 加筋土拦石墙的抗冲击能量验算和拦截高度验算参照附录 E 内容进行。

10.2.3 加筋土拦石墙基底最大压应力,可按下式计算:

$$\sigma = \frac{\sum N}{B - 2e} \quad\quad\quad\quad\quad\quad\quad\quad (15)$$

式中:
$\sum N$ ——作用于基底上的总垂直力(kN);
B ——拦石墙基底宽度(m);
e ——基底合力的偏心距(m),当 $e \leqslant 0$ 时取 $e=0$。

10.2.4 加筋土拦石墙内部稳定计算可参照相关行业规范中对加筋土拦石墙规定的方法进行。

10.3 构造要求

10.3.1 加筋土拦石墙横断面尺寸应通过各项稳定性分析验算结果确定,断面形式宜采用对称梯形。

10.3.2 拦石墙筋带设计应符合下列要求:
   a) 对于双侧墙面筋带分开铺设的加筋土拦石墙,单边底部筋带长度不应小于墙高的 60%,且不得小于 3 m;
   b) 采用与双侧墙面均相连的整体筋带的加筋土拦石墙,底部筋带长度不小于 3 m;
   c) 加筋土拦石墙顶宽不宜小于 1 m;

d) 加筋体筋带竖向层间距不宜大于1.0 m。

10.3.3 加筋体填料应进行分层填筑压实设计。设计单层填筑压实厚度不宜大于35 cm,压实度应不小于90%;墙体内侧应设置反滤层或铺设透水性土工织物。

10.3.4 加筋体基础底面的埋置深度,对于一般土质地基不应小于0.6 m,当设置在岩石上时,应清除表面风化层,当风化层较厚,难以全部清除时,可采用土质地基的埋置深度。

10.3.5 斜坡上加筋土拦石墙,背坡侧墙趾应设置宽度不小于1 m的护脚,加筋体基础的埋置深度从护脚顶面算起。

10.3.6 当地基承载力不能满足设计要求时,应进行地基处理。

10.3.7 对可能危害加筋土拦石墙工程的地表水和地下水,应采取下列防水或排水措施:
   a) 防止加筋土拦石墙顶面渗水应采用防渗封闭措施;
   b) 防止拦石墙墙面与山体斜坡间汇水应在拦石墙迎坡侧墙面与山体斜坡之间设置纵向排水沟;
   c) 拦石墙两侧面板均应预留泄水孔;
   d) 墙后填料为细粒土时,应设置反滤层。

10.3.8 宜在拦石墙两侧侧墙面的地表处设置宽度不小于1.0 m,厚度大于0.25 m的格宾网垫、混凝土预制块或浆砌片石防护层,表面为向外倾斜3‰~5‰的排水横坡。

10.3.9 双面加筋土拦石墙的筋带相互插入时,宜采用与双侧墙面均相连的整体筋带;双侧面墙分开铺筋带时应错开铺设,不可重叠。

10.3.10 加筋土拦石墙高度不宜大于8 m,超过该高度时应进行特殊论证设计。

11 格宾石笼拦石墙

11.1 一般规定

11.1.1 格宾石笼拦石墙适用于拟设工程部位交通条件差、建筑施工材料运输困难的区段。

11.1.2 具备修建格宾石笼拦石墙的地形条件,有足够的修建拦石墙的块石与片石材料。

11.1.3 适用于拦截块度小于2.0 m,或冲击能量小于1 000 kJ的危岩崩塌落石。

11.1.4 格宾石笼拦石墙可以结合落石槽共同实施。

11.1.5 格宾石笼拦石墙最大拦截高度不宜大于5.0 m。

11.1.6 格宾石笼钢丝采用低碳高镀锌或10%铝锌稀合金钢丝,表面包覆PVC或者PE聚合物,具防锈、防静电、抗老化、耐腐蚀、高抗压、高抗剪等特点。

11.2 计算要求

11.2.1 格宾石笼拦石墙由石笼自重、土压力、落石冲击力以及附加荷载等荷载组成。

11.2.2 工程设计应进行抗倾覆、抗滑移稳定和地基承载力验算,还应进行单个石笼的抗滑出计算。

11.2.3 拦石墙墙顶宽度不宜小于1 m,两侧宜对称设置。

11.3 构造要求

11.3.1 格宾石笼拦石墙由装石网箱组成,单层网箱的高度不大于1.0 m,长度则根据实际需要或者地形条件设计。长度方向上每隔1.0 m设置加强网片。上下层网箱之间以及加强网片与箱体之间采用直径大于箱体钢丝的钢丝捆扎。

11.3.2 墙体横断面呈阶梯状，面坡坡比宜小于1∶0.3，背坡坡比一般1∶1.0~1∶0.75。

11.3.3 墙体基础埋置于稍密—中密土层，基础埋深一般不大于500 mm。遇承载力极低的特殊土层，应在墙体底部增设混凝土垫层。

11.3.4 应符合下列要求：

a) 片石最小厚度大于70 mm，长短轴比宜大于3∶1，其最小直径应大于网箱网洞最大直径的1.5倍；
b) 上下层片石应交错码放，箱体外侧片石码放外观整齐；
c) 片石之间以及片石与箱体网片之间不得出现直径大于100 mm的空洞或间隙。

12 缓冲防护层

12.1 一般规定

12.1.1 拦石墙的墙背宜设置缓冲层，材料宜为易压实的砂性土或碎石土；当土料缺乏或空间较狭窄时，可选用废弃旧轮胎等消能材料，亦可采用土工织物充填袋堆码。

12.1.2 缓冲层应满足自身稳定，应具有防冲刷和耐久性等性能。

12.2 结构构造

12.2.1 缓冲层最小基础埋深应不小于0.5 m。

12.2.2 缓冲层厚度按附录C计算确定，设置高度与拦石墙高度保持一致，缓冲层顶部最小宽度不宜小于1.0 m。

12.2.3 缓冲层宜设计为倾斜式，坡率宜为1∶1.5~1∶0.75；当坡率过大时，坡面应铺砌片石加固，铺砌厚度不宜小于30 cm。

12.2.4 缓冲层采用土工织物充填袋堆码时，坡率不大于1∶0.3。

12.2.5 缓冲层应进行分层压实设计，压实度控制在0.80~0.85之间。

13 拦石槽

13.1 一般规定

13.1.1 拦石槽一般适用于坡度小于30°，且有一定拦石空间的地段；当坡度大于30°时，应对内侧进行护坡设计。

13.1.2 拦石槽宜与拦石墙配合使用，亦可单独使用。

13.1.3 拦石槽各侧斜坡均应满足自身稳定性要求。

13.1.4 拦石槽在滚石地段单独使用时，应验算其外侧土堤的稳定性。

13.2 结构设计

13.2.1 拦石槽宜设置成梯形断面，其最小宽度不宜小于落石长边直径的1.2倍。

13.2.2 拦石槽的库容应满足一次或多次落石量，断面尺寸按库容量进行设计。

13.2.3 拦石槽顶部应保留距拦石墙或缓冲层内边不小于1.5 m的安全距离，槽深以落石长边小于拦石槽顶到槽底深度为宜。

13.2.4 拦石槽单独使用时，其顶部宽度不宜小于1.5 m，拦石侧面坡不宜大于1∶1。

13.2.5 当落石体积大于拦石槽库容量时,应在斜坡上设置多级缓坡平台进行消能,缓坡平台宽度不宜小于5 m,坡度不宜大于15°。

13.2.6 拦石槽内侧斜坡对岩质或稳定性较好的碎石土,坡率不宜大于1∶0.75,对稳定性较差的土质,坡率不宜大于1∶1。

13.2.7 拦石槽设置地段坡度大于25°时,内侧斜坡宜采用M7.5浆砌块石护坡,护坡厚度不宜小于400 mm,坡率不宜大于1∶0.5。

13.2.8 在拦石槽底部为裸岩时,应在槽底设置缓冲层,缓冲层厚度不宜小于500 mm。

13.2.9 拦石槽底部宜设置3‰的排水纵坡。

14 工程监测

14.1 一般规定

14.1.1 工程监测包括施工期安全监测和竣工后运行效果监测。

14.1.2 工程监测设计深度应满足防治工程安全等级监测要求。

14.1.3 监测设计书应根据施工图设计文件编制。内容主要包括:监测项目及监测目的,监测方法选定,监测点网布设,监测精度要求,监测资料整理,变形破坏或活动判据和预报方案,监测经费预算。

14.1.4 监测仪器、设备和监测元件应符合下列要求:
a) 可靠性和长期稳定性好;
b) 可满足拦石工程变形破坏相适应的量测精度;
c) 经过校核或标定,且在规定的校准有效期内,校核记录和标定资料齐全。

14.1.5 应采用先进和经济实用的技术方法,并结合群测群防开展监测。

14.2 监测设计

14.2.1 应根据拦石墙工程平面布置建立监测基准点和监测网。

14.2.2 监测基准点应设置于稳定地段,且满足通视条件,数量不宜少于3个。

14.2.3 监测网宜由监测剖面和监测点组成。监测剖面的布置应根据监测项目确定,原则上应设置于防护工程顶部并与之垂直或平行。

14.2.4 监测点间距宜控制在30 m～50 m,每个单体工程不宜少于2个监测点。

14.2.5 监测项目根据工程的类型结构和施工需要按表7进行选择。

表7 防治工程监测项目一览表

监测分类	监测项目	拦石墙	支承桩
坡顶水平位移和垂直位移	支护结构顶部	应测	应测
	巡视检查	应测	应测
支护结构变形	主要受力构件	应测	应测
环境因素	落石量	应测	选测
	工程活动	选测	选测

14.2.6 施工期安全监测从工程开工至工程竣工初步验收合格后结束,原则上采用 24 h 自动定时观测的方式进行,以使监测信息能及时地反映灾害体或施工环境变形破坏特征,供有关方面做出决断。

14.2.7 防治工程效果监测一般不应小于一个水文年,至工程竣工最终验收合格后结束,监测数据采集时间间隔宜为 15 d~30 d,在雨季或持续暴雨时,应加密监测次数。

14.3 数据处理

14.3.1 监测数据采集宜采用自动化方式,也可采用人工方式。监测须定期向建设单位、监理方、设计方和施工方提交监测报告,必要时,应提交实时监测数据。

14.3.2 应建立监测数据库,采用相应的地理信息系统(GIS)和数据库软件等对监测数据进行分析处理,计算各种变形量。

14.3.3 编制监测报告,可分为月、季、年报。报告内容主要是动态监测数据、变形历时曲线、发展趋势分析、监测结论与建议等。

15 设计成果

15.1 设计成果内容

设计说明:包括工程概况、工程地质及水文地质条件简述,稳定性验算结论,设计原则和依据,设计措施,工程量汇总表,施工条件,材料要求,施工技术要求,监测工程。

15.2 图件要求

a) 防治工程平面布置图:图件比例尺 1∶500~1∶2 000;应包括防治工程措施平面布置及各控制点平面坐标与工程量表,剖面线位置和编号,文字说明,图纸名称,图签,指北针;分幅地形图,征地红线;

b) 防治工程设计剖面图:图件比例尺 1∶100~1∶500;防治工程措施剖面布置、高程坐标、水平标尺;

c) 防治工程立面展开图:图件比例尺 1∶200~1∶500;

d) 防治工程措施结构详图:图件比例尺 1∶20~1∶100;

e) 监测工程平面布置图:图件比例尺 1∶500~1∶2 000;文字说明,监测方法、监测点的平面布置及坐标、监测周期、频次;

f) 施工组织平面布置图:图件比例尺 1∶500~1∶2 000;应包括场地地形、拟建构筑物的位置与轮廓尺寸;材料堆放、拌合站及设备维修等的位置与面积;施工道路,办公与生活用房等临时设施的位置与面积;消防及环保设施布设等。

15.3 计算书

主要包含拦石墙防治工程稳定性计算、防治工程结构内力及位移计算等结构计算软件名称及版号。

15.4 概(预)算书

按设计阶段分别为:投资估算、初步设计概算、施工图预算。

附 录 A
（规范性附录）
滚（落）石不同运动方式的运动特性参数计算

A.1 初始运动阶段

危岩体失稳脱离母岩后或滚动运动脱离坡面后，在不计空气阻力和升力时，实际表现为重力作用下的自由落体或地震作用下的抛物线运动（图 A.1）。

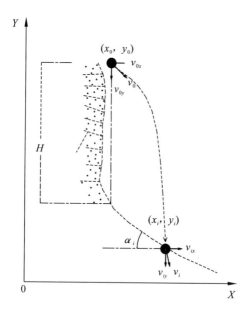

图 A.1 落石初始运动阶段模式

在 t 时刻，落石运动到坡面 i 处的速度：

$$v_{ix} = v_{0x} + at_i \quad\quad\quad\quad (A.1)$$
$$v_{iy} = v_{0y} + gt_i \quad\quad\quad\quad (A.2)$$
$$v_i = \sqrt{v_{ix}^2 + v_{iy}^2} \quad\quad\quad\quad (A.3)$$

其中：
$$t_i = \frac{v_{0x}\tan\alpha_i - v_{0y} + \sqrt{(v_{0y} - v_{0x}\tan\alpha_i)^2 + 2gH}}{g} \quad\quad\quad\quad (A.4)$$

根据运动学原理，失稳后的危岩体运动到坡面 i 处的位置：

$$x_i = x_0 + v_{0x}t_i + 0.5at_i^2 \quad\quad\quad\quad (A.5)$$
$$y_i = y_0 - v_{0y}t_i - 0.5gt_i^2 \quad\quad\quad\quad (A.6)$$

式中：

x_0, y_0——落石脱离原坡面时的坐标（m）；

x_i, y_i——落石运动到现坡面时的坐标（m）；

v_{0x}, v_{0y}——落石脱离时的速度在水平和垂直方向上的分量（m/s）；

v_{ix}, v_{iy}——落石运动到现坡面时的速度在水平和垂直方向上的分量（m/s）；

v_i ——落石运动到现坡面时的速度(m/s);

$α_i$ ——发生碰撞的坡面段的坡面倾角(°);

H ——落石到坡面的垂直高度(m);

a ——地震作用下的地震水平加速度(m/s²);

t_i ——落石开始运动到坡面 i 处所经历的时间(s)。

A.2 碰撞跳跃阶段

碰撞过程通常会造成一定的动能损失,是落石运动特性计算的重要控制环节,而且落石同坡表接触碰撞后是发生跳跃还是进入坡面滚动或滑移状态也是影响落石后续运动的关键问题。

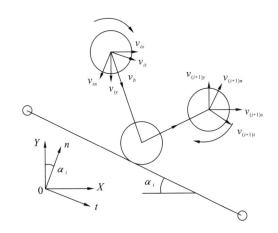

图 A.2　碰撞阶段计算模式

落石在第 i 处坡面发生碰撞。反弹速度在法向和切向的速度分量为:

$$v_{(i+1)n} = (-v_{ix}\sinα_i + v_{iy}\cosα_i)e_n \quad\quad (A.7)$$

$$v_{(i+1)t} = (v_{ix}\cosα_i + v_{iy}\sinα_i)e_t \quad\quad (A.8)$$

反弹速度在水平和垂直的速度分量为:

$$v_{(i+1)x} = (e_t\cos^2α_i - e_n\sin^2α_i)v_{ix} + (e_n + e_t)\cosα_i\sinα_i v_{iy} \quad\quad (A.9)$$

$$v_{(i+1)y} = (-e_t\sin^2α_i + e_n\cos^2α_i)v_{iy} + (e_n + e_t)\cosα_i\sinα_i v_{ix} \quad\quad (A.10)$$

反弹速度为:

$$v_{(i+1)} = \sqrt{v_{(i+1)n}^2 + v_{(i+1)t}^2} = \sqrt{v_{(i+1)x}^2 + v_{(i+1)y}^2} \quad\quad (A.11)$$

式中:

v_{in}, v_{it} ——入射速度沿坡表在其法向和切向速度的分量(m/s);

$v_{(i+1)n}, v_{(i+1)t}$ ——反射速度沿坡表在其法向和切向速度的分量(m/s);

$v_{(i+1)x}, v_{(i+1)y}$ ——反射速度沿坡表在水平和垂直方向上的分量(m/s);

e_n ——法向恢复系数;

e_t ——切向恢复系数。

反弹的最高高度为:

$$h_{\max} = \frac{v_{(i+1)n}^2}{2g\cosα_i} \quad\quad (A.12)$$

式中：
h_{max}——反弹后的最高高度(m)。

碰撞前后的最大水平距离：

$$S_{max} = \frac{2\left(\tan\alpha_i - \dfrac{v_{(i+1)y}}{v_{(i+1)x}}\right)v_{(i+1)x}^2}{g} \quad\quad\quad\quad\quad (A.13)$$

式中：
S_{max}——碰撞前后的最大水平距离(m)。

表 A.1 恢复系数取值

坡面特征	法向恢复系数 k_n	切向恢复系数 k_t
光滑岩石面、铺砌面、喷射混凝土表面、圬工表面	0.25~0.75	0.88~0.98
软岩面、强风化硬岩表面	0.15~0.37	0.75~0.95
块石堆积坡面	0.15~0.37	0.75~0.95
密实碎石堆积、硬土坡面，植被发育，以灌木为主	0.12~0.33	0.30~0.95
密实碎石堆积坡面、硬土坡面，无植被或少量杂草	0.12~0.32	0.65~0.95
松散碎石坡面、软土坡面，植被发育以灌木为主	0.10~0.25	0.30~0.80
软土坡面，无植被或少量杂草	0.10~0.30	0.50~0.80

当反弹后的最高高度小于或等于落石等效半径时，落石将不再弹跳，而进入坡面滚动或滑动状态；反之则继续计算反弹后的飞行以及后续碰撞。

A.3 滚动运动阶段

假定落石在坡面运动为滚动，其斜面法向分速度为 0，直至滚动摩擦导致动能损耗而停止。由于不考虑滑动模式，则该圆柱状落石滚动为无滑滚动（图 A.3）。

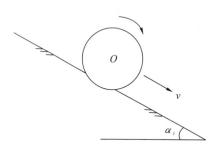

图 A.3 滚动阶段计算模式

自运动起点至距离为 L 处时的速度：

$$v_L = \sqrt{v^2 + \frac{3}{4}g\cos\alpha_i(\tan\alpha_i - \tan\varphi_d)L} \quad\quad\quad\quad\quad (A.14)$$

式中：
v——运动起点时的速度(m/s)；

v_L ——运动起点至距离为 L 处时的速度(m/s);

φ_d ——滚动摩擦角(°);

$\tan\varphi_d$ ——滚动摩擦系数;

L ——落石沿坡面运动距离(m)。

当 $\tan\alpha_i > \tan\varphi_d$ 时,落石作加速运动。

当 $\tan\alpha_i = \tan\varphi_d$ 时,落石变会匀速运动下去,直至坡形改变点。

当 $\tan\alpha_i < \tan\varphi_d$ 时,落石作减速滚动,其加速度方向与运动方向相反,当坡面足够长时,落石将最终在滚动摩擦作用下停止,停止时的位移 S 为:

$$S = \frac{3v^2}{4g\cos\alpha_i(\tan\alpha_i - \tan\varphi_d)} \quad \cdots\cdots\cdots\cdots\cdots\cdots\cdots\cdots\cdots\cdots\text{(A.15)}$$

式中:

S ——落石沿坡面的最终运动距离(m)。

表 A.2 滚动摩擦系数建议取值

坡面特征	滚动摩擦系数
光滑岩石面、铺砌面、喷射混凝土表面、圬工表面	0.30～0.60
软岩面、强风化硬岩表面	0.40～0.60
块石堆积坡面	0.55～0.70
密实碎石堆积坡面、硬土坡面,植被发育,以灌木为主	0.55～0.85
密实碎石堆积坡面、硬土坡面,无植被或少量杂草	0.50～0.75
松散碎石坡面、软土坡面,植被发育以灌木为主	0.50～0.85
软土坡面,无植被或少量杂草	0.50～0.85

A.4 滑移运动阶段

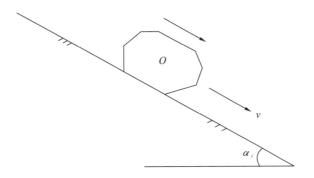

图 A.4 滑动阶段计算模式

当落石切向重力分量大于坡面摩擦力时,在坡面将发生滑移运动(图 A.4)。自运动起点至距离为 L 处时的速度:

$$v_L = \sqrt{v_0^2 + 2a_L L} \quad \cdots\cdots\cdots\cdots\cdots\cdots\text{(A.16)}$$

坡面足够长时,落石将最终在滑动摩擦作用下停止,停止时的位移 S 为:

$$S = \frac{v_i^2}{2\alpha_L} \quad\quad\quad\quad\quad\quad\quad\quad\quad (A.17)$$

落石在坡面滑动时的加速度:

$$\alpha_L = g(\sin\alpha_i - \mu\cos\alpha_i) \quad\quad\quad\quad\quad\quad\quad\quad\quad (A.18)$$

式中:

α_L ——落石在坡面滑动时的加速度（m/s²）；

μ ——滑动摩擦系数。

表 A.3 滑动摩擦系数建议取值

坡面特征	滑动摩擦系数
黏性土	0.20～0.30
粉土	0.25～0.35
中砂、粗砂、砾砂	0.35～0.45
砂土	0.40
碎石土	0.40～0.50
极软岩、软岩、较软岩	0.40～0.60
表面粗糙的坚硬岩、较硬岩	0.65～0.75

附 录 B
（规范性附录）
滚(落)石的冲击力计算公式

B.1 瑞士公式

$$F = 1.765 M^{\frac{2}{5}} R^{\frac{1}{5}} (mH)^{\frac{3}{5}} \quad\quad (B.1)$$

式中：
F ——滚(落)石冲击力(kN)；
M ——缓冲层弹性模量(kPa)；
m ——滚(落)石质量(t)；
R ——滚(落)石等效球体半径(m)；
H ——滚(落)石的下落高度(m)。

B.2 日本公式

$$F = 2.108(mg)^{\frac{2}{3}} \lambda^{\frac{2}{5}} H^{\frac{3}{5}} \quad\quad (B.2)$$

式中：
g ——重力加速度；
λ ——拉梅常数(kPa)；
其余符号意义同前。

B.3 澳大利亚公式

$$F = \frac{2Mv}{t} \quad\quad (B.3)$$

$$F = \frac{2H}{v} \quad\quad (B.4)$$

式中：
M ——落石质量(kg)；
v ——运动速度(m/s)；
t ——滚(落)石碰撞接触时间(s)；
h ——缓冲层厚度(m)。

B.4 隧道手册公式

$$F = \frac{Qv}{gt} \quad\quad (B.5)$$

式中：
Q ——滚(落)石重量(kN)；
其余符号意义同前。

B.5 路基规范公式

$$F = 2\gamma Z\left[2\tan^4\left(45°+\frac{\varphi}{2}\right)-1\right]S \quad\quad\quad (B.6)$$

式中：

φ ——缓冲层内摩擦角(°)；

S ——滚(落)石等效球体的横截面积(m^2)；

Z ——落石冲击陷入缓冲层内的深度(m)。

附 录 C
（规范性附录）
拦石墙缓冲厚度计算

C.1 落石等效冲击荷载,按下式计算

落石冲击及计算简图见图 C.1。

$$p = 2\gamma Z\left[2\tan^4\left(45° + \frac{\varphi}{2}\right) - 1\right] \quad \cdots\cdots\cdots\cdots\cdots\cdots \text{(C.1)}$$

式中：

p——滚（落）石等效冲击荷载(kN/m)

C.2 落石冲击陷入深度,按下式计算

$$Z = v_i\sqrt{\frac{G}{2g\gamma F}} \times \sqrt{\frac{1}{2\tan^4\left(45° + \frac{\varphi}{2}\right) - 1}} \quad \cdots\cdots\cdots\cdots \text{(C.2)}$$

式中：

γ——缓冲层材料重度(kN/m³)；

φ——缓冲层内摩擦角(°)；

g——重力加速度；

G——落石重量(kN)；

S——落石等效球体的截面积(m²)。

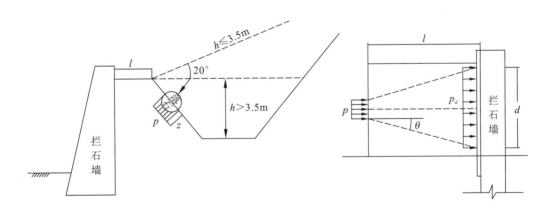

图 C.1 落石冲击及计算简图

C.3 冲击荷载转化为静力荷载,按下式计算

$$F = \frac{p_d^2}{(d + 2l\tan\theta)^2} \quad \cdots\cdots\cdots\cdots\cdots\cdots \text{(C.3)}$$

式中：
F —— 静力荷载（kN/m）；
d —— 冲击荷载扩散到拦石墙上的直径（m）；
l —— 设计缓冲层厚度（m）；
θ —— 扩散角，$\theta = 45° - \dfrac{\varphi}{2}$。

附 录 D
（规范性附录）
拦石墙墙后库伦主动土压力

D.1 主动土压力可按下列公式计算（图 D.1）

$$E_a = \frac{1}{2}\gamma H^2 K_a \quad \cdots\cdots\cdots\cdots\cdots\cdots\cdots\cdots\cdots\cdots (D.1)$$

$$K_a = \frac{\cos^2(\varphi-\rho)}{\cos^2\rho\cos(\delta+\rho)\left[1+\sqrt{\dfrac{\sin^2(\delta+\varphi)\sin(\varphi-\beta)}{\cos(\delta+\rho)\cos(\rho-\beta)}}\right]^2} \quad \cdots\cdots\cdots\cdots (D.2)$$

式中：

E_a——主动土压力（kN/m）；

γ——墙后土体重度（kN/m³）；

H——拦石墙高度（m）；

K_a——主动土压力系数；

φ——填土内摩擦角(°)；

β——墙背填土表面的倾角(°)；

δ——墙背与土体之间的摩擦角(°)，按附表 D.1 取值；

ρ——挡土墙墙背与竖向夹角(°)。

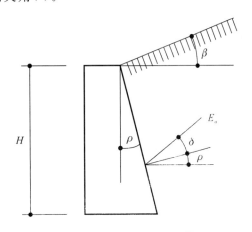

图 D.1 主动土压力计算

表 D.1 土对挡土墙墙背的摩擦角 δ

挡土墙情况	摩擦角 δ
墙背平滑，排水不良	$(0\sim0.33)\varphi_k$
墙背粗糙，排水良好	$(0.33\sim0.50)\varphi_k$
墙背很粗糙，排水良好	$(0.50\sim0.67)\varphi_k$
墙背与填土间不可能滑动	$(0.67\sim1.00)\varphi_k$

附 录 E
（规范性附录）
加筋土拦石墙抗冲击能及拦截高度验算

E.1 抗冲击能验算（图 E.1）

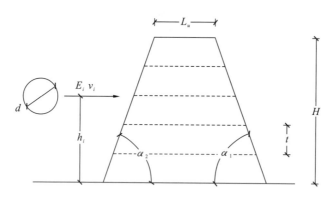

图 E.1 拦石墙抗冲击能验算

E.1.1 计算相关参数

a) 墙身几何尺寸。

L_u：墙顶宽度(m)；H：墙高(m)；α_1：背坡侧墙面坡角(°)；α_2：迎坡侧墙面坡角(°)；t：加筋间距(m)。

b) 填料与筋材。

γ：填料重度(kN/m^3)；φ：填料与筋材之间的摩擦角(°)。

c) 落石。

h_i：落石轨迹高度(m)；d：落石直径(m)；E_i：冲击动能(kJ)；γ_B：落石的重度(kN/m^3)。

E.1.2 能量消散分析（图 E.2）

a) 能量消散形式（有限元模型分析结果）：

墙体迎坡侧受冲击土体塑性变形消散的能量，约占冲击动能的 80%~85%；

墙体受冲击的土层水平滑移消散的能量，约占冲击动能的 10%~15%；

墙体迎坡侧受冲击土体弹性变形消散的能量，约占冲击动能的 0%~1%。

b) 能量相关参数

Sc：滑动消散系数；Ec：弹性变形消散参数；Pc：塑形变形消散参数。

E.1.3 拦石墙断面点的坐标计算

图 E.3 中，各关键点的坐标如下：

1：$(x_1, y_1) = (0, 0)$

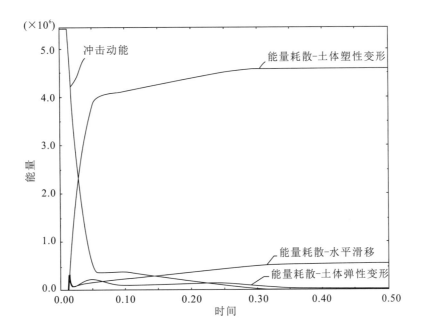

图 E.2 能量消散曲线

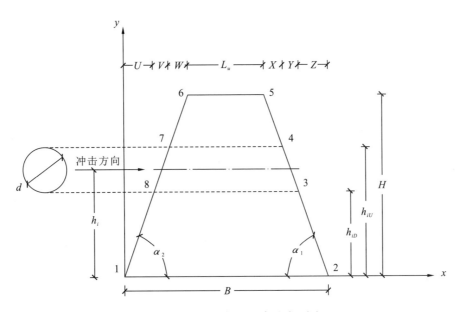

图 E.3 拦石墙断面点坐标分析

2：$(x_2, y_2) = (B, 0)$

3：$(x_3, y_3) = (B-Z, h_{iD})$

4：$(x_4, y_4) = (B-Z-Y, h_{iU})$

5：$(x_5, y_5) = (B-Z-Y-X, H)$

6：$(x_6, y_6) = (U+V+W, H)$

7：$(x_7, y_7) = (U+V, h_{iU})$

8：$(x_8, y_8) = (U, h_{iD})$

其中：

$$B = L_u + \frac{H}{\tan\alpha_1} + \frac{H}{\tan\alpha_2} \quad \cdots\cdots\cdots\cdots\cdots\cdots\cdots\cdots (E.1)$$

$$Z = \frac{h_{iD}}{\tan\alpha_1} \quad \cdots\cdots\cdots\cdots\cdots\cdots\cdots\cdots (E.2)$$

$$U = \frac{h_{iD}}{\tan\alpha_2} \quad \cdots\cdots\cdots\cdots\cdots\cdots\cdots\cdots (E.3)$$

$$Z + Y = \frac{h_{iU}}{\tan\alpha_1} \quad \cdots\cdots\cdots\cdots\cdots\cdots\cdots\cdots (E.4)$$

$$U + V = \frac{h_{iU}}{\tan\alpha_2} \quad \cdots\cdots\cdots\cdots\cdots\cdots\cdots\cdots (E.5)$$

$$W + U + V = \frac{H}{\tan\alpha_2} \quad \cdots\cdots\cdots\cdots\cdots\cdots\cdots\cdots (E.6)$$

$$Z + Y + X = \frac{H}{\tan\alpha_1} \quad \cdots\cdots\cdots\cdots\cdots\cdots\cdots\cdots (E.7)$$

$$h_{iD} = h_i - \frac{d}{2} \quad \cdots\cdots\cdots\cdots\cdots\cdots\cdots\cdots (E.8)$$

$$h_{iU} = h_i + \frac{d}{2} \quad \cdots\cdots\cdots\cdots\cdots\cdots\cdots\cdots (E.9)$$

式中：

H——加筋土拦石墙的墙高(m)；
α_1——加筋土拦石墙迎坡侧墙面倾角(°)；
α_2——加筋土拦石墙背坡侧墙面倾角(°)；
d——落石的设计直径(m)；
h_i——落石撞击拦石墙瞬间的高度(m)；
h_{iU}——撞击拦石墙瞬间，落石顶部最高点的高度(m)；
h_{iD}——撞击拦石墙瞬间，落石底部最低点的高度(m)。

其他变量符号参见上图中尺寸标注。

E.1.4 冲击分析

如图 E.4 所示，S_{pi} 为在落石冲击作用下，产生层间错动滑移面的墙身截面厚度。

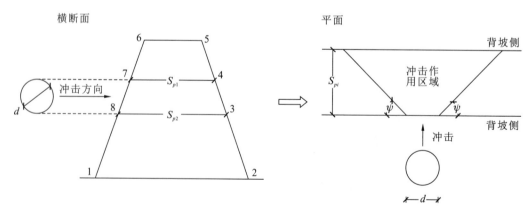

图 E.4 冲击截面分析

上、下滑移面墙身截面厚度分别为 $S_{p1}=x_4-x_7$,$S_{p2}=x_3-x_8$。且落石冲击导致加筋土拦石墙层间错动滑移的范围,从受冲击位置向背坡侧墙面呈扇形扩散,其扩散角 Ψ 一般为 $45°$。

则滑移面平面截面积为:

$$A_i = \frac{1}{2}\left(2d+\frac{2S_{pi}}{\tan\Psi}\right)S_{pi} \quad\cdots\cdots(E.10)$$

上、下滑移面平面截面积分别为:

$$A_1 = \frac{1}{2}\left(2d+\frac{2S_{p1}}{\tan 45°}\right)S_{p1}\ ;\ A_2 = \frac{1}{2}\left(2d+\frac{2S_{p2}}{\tan 45°}\right)S_{p2} \quad\cdots\cdots(E.11)$$

E.1.5 受力分析

滑移面上的摩擦力可按下式计算:

$$F_i = (H-h_i)A_i\gamma\tan\varphi \quad\cdots\cdots(E.12)$$

式中:

φ——筋材与填料之间的摩擦角(°);
γ——加筋土拦石墙结构填土重度(kN/m^3)。

以上理论计算公式,并未考虑加筋筋材铺设对加筋土挡墙填土的分层效应;实际上,由于加筋筋材的存在,加筋筋材和结构填土间的摩擦角一般都小于结构填土和结构填土间的内摩擦角。故落石冲击导致的加筋土拦石墙的层间错动滑移总是在有筋带布置的截面上产生(如图E.5所示)。

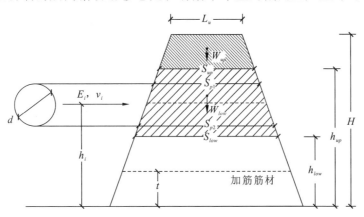

图 E.5 单元摩擦力计算

则拦石墙受落石冲击层间滑移面上的摩擦力可修正如下。

上滑移面的摩擦力:

$$F_{up} = (H-h_{up})A_{up}\gamma\tan\varphi \quad\cdots\cdots(E.13)$$

下部土体摩擦力:

$$F_{low} = (H-h_{low})A_{low}\gamma\tan\varphi \quad\cdots\cdots(E.14)$$

其中

h_{up}——修正后的上滑移面高度,即落石撞击位置以上最近筋带层的高度(m);
h_{low}——修正后的下滑移面高度,即落石撞击位置以下最近筋带层的高度(m);
A_{up}——修正后的上滑移面的截面面积(m^2);
A_{low}——修正后的下滑移面的截面面积(m^2)。

E.1.6 滑动计算

由滑动消散的能量 E_s

$$E_s = E_i S_c \quad \cdots\cdots\cdots\cdots\cdots\cdots\cdots\cdots\cdots (\text{E}.15)$$

其中：

E_i ——落石的设计冲击动能(kJ)；

S_c ——受冲击土层水平滑移消散的动能百分比，一般取 15%。

则背坡侧墙面的滑移量 ζ 为：

$$\zeta = \frac{E_s}{F_{up} + F_{low}} \quad \cdots\cdots\cdots\cdots\cdots\cdots\cdots\cdots\cdots (\text{E}.16)$$

E.1.7 塑性变形计算

由塑性变形耗散的能量 E_P

$$E_P = E_i P_c \quad \cdots\cdots\cdots\cdots\cdots\cdots\cdots\cdots\cdots (\text{E}.17)$$

其中：

P_c ——受冲击土层塑形变形消散的动能百分比，一般取 85%。

则迎坡侧填土塑性变形产生的凹坑体积为：

$$\delta_v = \chi E_p \quad \cdots\cdots\cdots\cdots\cdots\cdots\cdots\cdots\cdots (\text{E}.18)$$

其中：

χ ——塑性变形的体积与冲击能的相关性系数，该系数与筋材的种类、筋材的间距、填土的类型和压实度等因素有关($\text{m} \cdot \text{s}^2/\text{kg}$)。

凹坑的深度 δ：

$$\delta = \frac{\delta_v}{d^2} \eta \quad \cdots\cdots\cdots\cdots\cdots\cdots\cdots\cdots\cdots (\text{E}.19)$$

η ——与落石形状相关的分项系数，立方体落石取 1，球形落石取 1.2。

E.1.8 迎坡侧的总变形量

$$\Delta = \zeta + \delta \quad \cdots\cdots\cdots\cdots\cdots\cdots\cdots\cdots\cdots (\text{E}.20)$$

如图 E.6 所示：

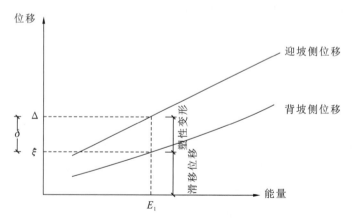

图 E.6 冲击位移计算

E.1.9 拦石墙抗冲击稳定性验算(图 E.7)

拦石墙受到落石冲击产生变形后,需保证结构整体继续维持稳定,即

a) 上部稳定:块体 A 在块体 B 上几何学稳定。
b) 下部稳定:块体 B 在块体 C 上几何学稳定。

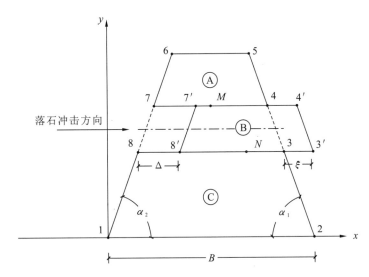

图 E.7 抗冲击稳定性验算

$3': (x_{3'}, y_{3'}) = (x_3 + \zeta, y_3)$

$4': (x_{4'}, y_{4'}) = (x_4 + \zeta, y_4)$

$7': (x_{7'}, y_{7'}) = (x_7 + \Delta, y_7)$

$8': (x_{8'}, y_{8'}) = (x_8 + \Delta, y_8)$

c) 上部稳定核查:上部块体 A 其底面中心点坐标为:

$$M: \begin{cases} x_M \approx x_{8'} + \dfrac{1}{2} S_{pup} \\ y_M = y_7 = h_{up} \end{cases}$$

其稳定条件需满足:$x_M > x_{7'}$,即上部块体 A 的基础中心应仍在滑动块体 B 顶部范围内。

d) 下部稳定核查:滑动块体 B 其底面中心点坐标为:

$$N: \begin{cases} x_N \approx x_{8'} + \dfrac{1}{2} S_{plow} \\ y_N = y_8 = h_{low} \end{cases}$$

其稳定条件需满足:$x_N < x_3$,即滑动块体 B 的基础中心应仍在下部块体 C 顶部范围内。

E.2 拦截高度验算

加筋土拦石墙的拦截高度需满足:

$$H \geqslant h_i + \dfrac{d}{2} + t \quad\cdots\cdots\cdots\cdots\cdots\cdots\cdots\cdots\cdots\cdots (\text{E.21})$$

其中:

h_i——落石的设计冲击高度(m);

T/CAGHP 060—2019

t ——安全超高(m);不小于0.5 m。

E.3 取值建议

为了降低加筋土拦石墙工作期间的维护频次、难度及费用投入,设计时应充分考虑将拦石墙的潜在变形量控制在一定范围内。

a) 迎坡侧变形量 Δ 建议值。

Δ 小于撞击高度处墙身截面厚度的 20%,且 Δ≤60 cm。

b) 背坡侧墙面滑移量 ζ 建议值。

ζ≤35 cm。